现代建筑名家名作系列　**海基宁－科莫宁　芬兰科学中心**

Heikkinen-Komone

现代建筑名家名作系列

The Excellent Works of The Great Architects

海基宁－科莫宁

芬兰科学中心

著文／摄影 方海

中国建筑工业出版社

海基宁－科莫宁的建筑

——兼述其成名作：芬兰科学中心

方海

米高·海基宁(Mikko Heikkinen)和马库·科莫宁(Markku Komonen)于20世纪70年代中叶毕业于赫尔辛基理工大学，其成长的年代正是阿尔瓦·阿尔托主宰芬兰现代建筑的时期。但也正是这个时期，阿尔托的主导地位开始受到多方面的挑战，这是芬兰建筑不断进步的重要因素之一。一种富有活力的文化不会在长时间只受一种思潮，一位大师的影响，一种文化，如果没有矛盾，没有挑战，那就很快会面临衰亡。

阿尔托是20世纪建筑大师中最多产，也最有影响力的人物之一，其魅力是永恒的，阿尔托在不同时期所受到的种种挑战只能使他的影响力与日俱增。在芬兰，20世纪60年代中期的青年一代建筑师们开始对阿尔托的相对传统一些的建造方法、设计原型及个性因素发生质疑，其背景是：战后的芬兰急需非常现代化的建造，尤其是解决数量巨大的住房问题，在这种背景下，阿尔托对砖及其他传统建筑材料的过分偏爱就显得不合时宜了。而最根本性的挑战则来自阿尔托的母校赫尔辛基理工大学，在阿尔托自己规划和设计的建筑系馆，几位优秀的教授和建筑师，如奥里斯·布鲁斯泰德(Aulis Blomstedt)和阿诺·鲁苏沃里(Aarno Ruusuvuori)开始建立一种新理性主义的现代建筑理念。与此同时，另一位划时代的建筑大师莱曼·比尔蒂拉（Reima Pietila）以其丰富的实践和理论建立了一种生态学的设计理念。凡此种种设计思潮及实践，都对海基宁和科莫宁产生了积极的影响，并促使他们悉心发展自己独特的建筑设计理念。

欧洲现代建筑的发展，由德国、法国发轫，直至芬兰的阿尔托始完成现代建筑富于人性化的方面。阿尔托 1939 年的纽约博览会芬兰馆，20 世纪 50 年代的珊纳特赛罗城镇中心和伏克塞涅斯卡教堂，比尔蒂拉 20 世纪 60 年代的第柏利学生中心和喀勒文教堂，以及诸多建筑师参与的塔比欧拉花园城市，这些实例形成了二战以后几十年芬兰建筑的总体风貌，它们被国际评论界标以“人性主义”、“浪漫主义”、“浪漫现代主义”等标签，风行整个 20 世纪 60 年代及 20 世纪 70 年代。海基宁和科莫宁正是在这种背景下，一步步建立自己的设计理念，同一大批锐意进取的中青年建筑师们一道，为芬兰当代建筑带来了新的活力。

海基宁和科莫宁在建立两人共同的事业之前都分别在别的事务所工作多年。在芬兰，得益于公平合理的建筑设计竞赛机制，每一位青年建筑师或建筑系的学生都有机会获得建造项目并由此开始自己建筑事务所的事业。海基宁－科莫宁建筑事务所的真正运作始于他们 1986 年赢得“芬兰科学中心”的全国设计竞赛，尽管在此前他们已合作设计多年。

“芬兰科学中心”是海基宁－科莫宁的第一件主要作品，

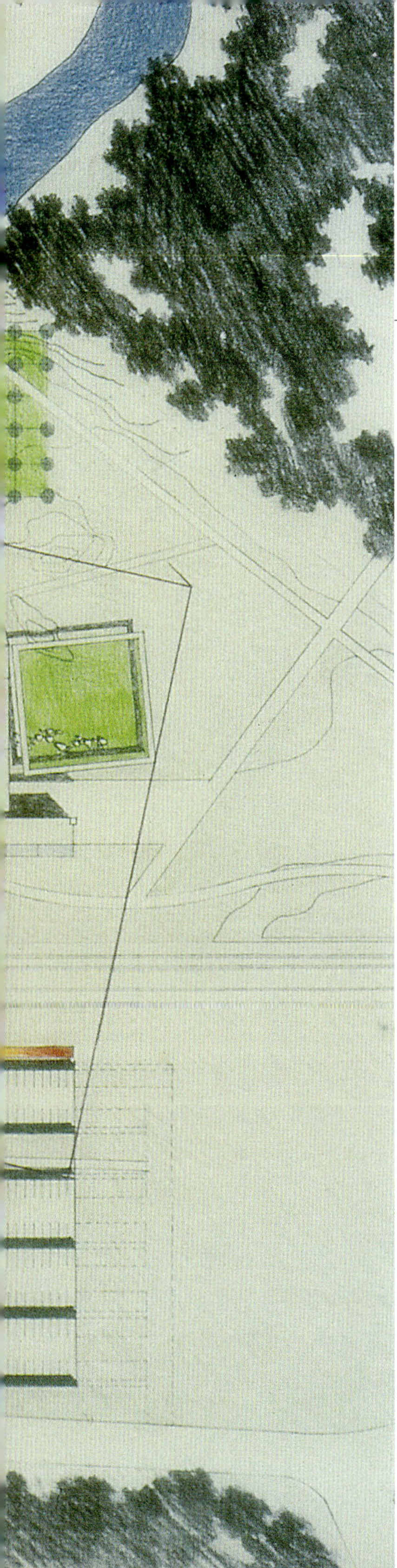

"芬兰科学中心"
总平面图

也是他们的成名作。同所有芬兰的公共建筑工程项目一样，该科学中心设计方案也是通过全国设计竞赛产生的。于1985年举办的设计竞赛吸引了芬兰大多数建筑师，1986年初公布的竞赛结果颁发了两个一等奖，另一个一等奖由著名建筑师拜卡·沙米宁（Pekka Salminen）获得。而后通过详尽的造价分析，最终选择了海基宁－科莫宁的命名为Heureka的方案，作为规划、深入设计和实施的基础。1987年2月第一根水泥桩被打入松软的河岸边，以后两年的施工中建筑师具体参与着每个施工阶段的全过程，随着1989年初这座科学中心正式对公众开放，海基宁和科莫宁也一举成名，并在他们以后的设计生涯中始终体现出这座科学中心的设计精神，这种精神也成为目前芬兰中青年建筑师的主流意识。

"芬兰科学中心"位于大赫尔辛基东北部万达（Vantaa）市中心的一个闹市地段，处于全国最繁忙的铁路线与凯洛文河（Keravanjoki）的交汇处。横跨凯洛文河有两座专为科学中心设计的桥梁，自然也成为该中心的组成部分。而作为参观科学中心的序曲，建筑师专门规划了一座地质学花园，其形状即是芬兰地图，而地图上的每一部分都覆以由当地开采运来的岩石，并配以详细的说明。两座桥各具特色，并都直接通向地质花园，其一为圆拱桥，另一座为拉索桥，两者都

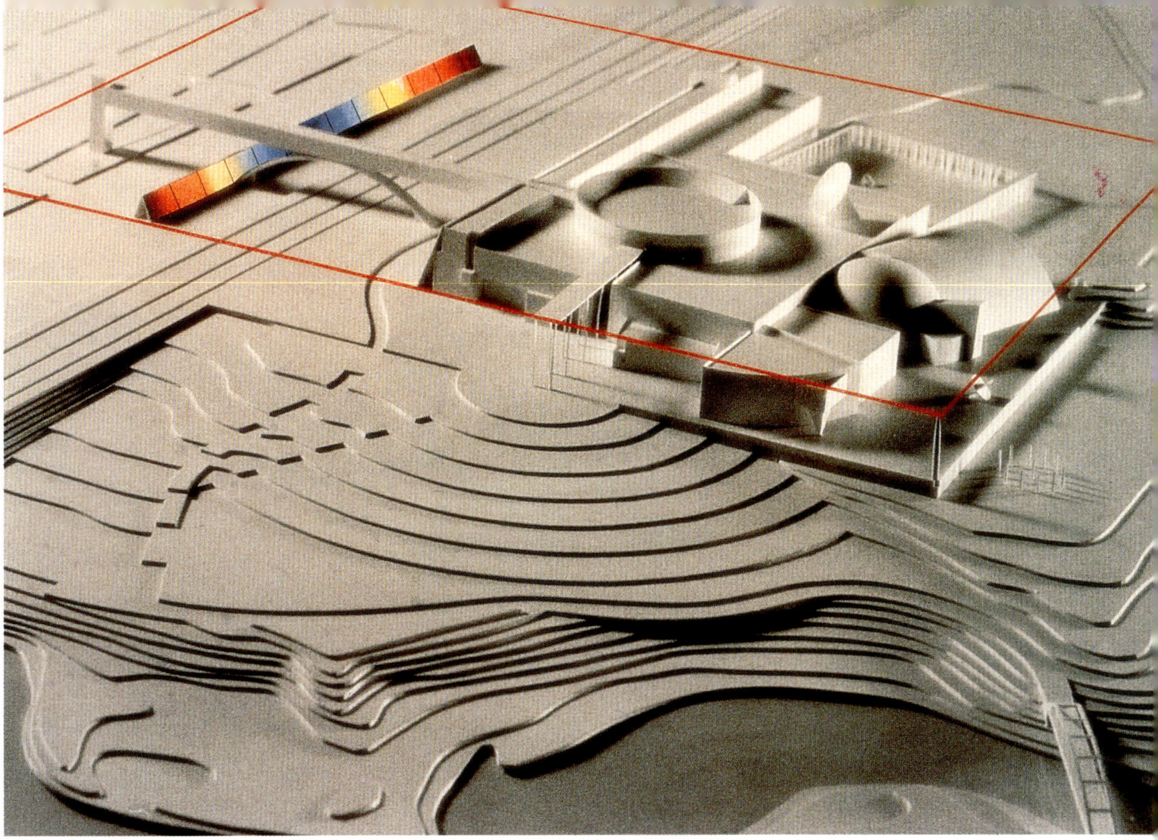

模型方案之一

左：鸟瞰透视图
右：模型方案之二

着意体现着现代科技的意念，从而使该中心的基本主题——自然与科技，在微风吹拂，静静流淌的河流上显现，而日夜奔驰的电气火车则成为最好的陪衬。

对建筑师而言，“芬兰科学中心”这种工程项目具有极大的挑战性，因为其中蕴含着某种全新的建筑设计观念，在具体设计中的许多阶段和领域都有许多要使用数学、光学、声学、电学、生物学、化学、天文学等等基础学科的地方，并且要求非常深入细致。这方面既无前例可循，也无现成的资料可供参考，整个设计过程就是在这种情况下进行“原始积累”的。海基宁和科莫宁都是对现代科技抱有浓厚兴趣的建筑师，这也在某种程度上使他们的作品更接近所谓“高技派”的风格，尽管他们原则上反对这种风格的摊派。“芬兰科学中心”这个项目正好为他们提供了用武之地，正如海基宁自己所说：正好借这个工程设计将中学时代学过的全部科学知识都复习一遍。经过对众多学科反复研究之后，建筑师们要为建筑设计找出某些与科学概念相联系的因素作为主题。

从设计的最初构思开始，海基宁和科莫宁就有一个非常明确的观念，即这座建筑不应该是一个让人一目了然的结构，而应该是一种构成丰富的，基于一种对大自然本身矛盾与协调进行统一考虑的设计整体，从有规律的、平衡的力量中寻找某些分裂的、混乱的倾向并加以提炼后应用，就如同进行一项科学研究一样。科莫宁非常欣赏法国哲学家保罗·瓦拉里（Paul Valery）的一句格言：“有两样东西从未停止过

入口透视图

威胁这个世界，即无序和有序。”在大自然中无处不在的就是这种无序和有序、预感和随机之间的冲突与调合，对于建筑设计而言，这种用于科学研究的态度实际上蕴含着无穷的审美潜力。因为大自然本身就是一个平衡而美妙的整体，在人类有限的思维能力范围内，大自然永远既是奇异的，又是和谐的，一道雨后彩虹，一个闪电雷击，每日的朝霞万道或落日余晖都对人类的审美思维有着不可抗拒的影响。这种种迷人的自然现象经海基宁和科莫宁的悉心研究，在他们的建筑设计和整体景观设计中都分别被表现出来。

海基宁和科莫宁的建筑作品总是同时兼有严肃性和游乐性，既有节制的一面又有随意的一面，这种特点在这座“科学中心”中得到最充分的体现。

乘坐电气列车经过该科学中心的人都会首先被该建筑群面向铁路的一大片反射玻璃所吸引。海基宁和科莫宁在此用钢架搭成一道复合立面，并配备上特别设计的反射玻璃，从而创造出一片永恒的彩虹。于是在科学中心，无论春夏秋冬，也无论阴晴圆缺，人们都能欣赏到美丽的彩虹效果。在这里，自然光被系统地分解成不同的色彩，这个100m长的钢架被划分成31个等分格架，再在格架间的玻璃面上涂饰特殊的涂料，这些涂料都是专业实验室为该科学中心专门研制的。

该中心的主要构成要素都是立体几何学的元素，主要包括圆柱形的中央科普大厅，一个用于更时展览的抛物线状展厅，球状的多功能小剧院，以及小圆柱支承的其他几何构件，它们以相互切入的形式紧密结合，而每个元素又都发展成一个独立的建筑空间系列。这样便突破了普通展览建筑物的思维模式，避免用一个巨大的黑箱或单调的线性排列将所有元素集中在一起，而是给这个中心赋予不同的操作焦点，即“科学中心”当中同时含有几个各具特色的“中心”，以随时配合不同主题，不同时节的展览陈设。

圆柱形的中央科普大厅是主展厅，用于该中心的基础展示。这组立体构成式的基础展览是该中心惟一的永久展示，命名为“宇宙与生活”。室内所有的设计内容都围绕这一主题展开，如辐射形的屋顶钢架含有明确的“宇宙”意味，中央的圆形大天窗无疑是与“宇宙”最直接的联系。室内的地面、墙面及半空中的所有设施都力图表现科学界不同学科的点滴概念，这些展示的对象虽以青少年为主，而实际上却对所有年龄段的人都有巨大的吸引力。因此，该中心尽管门票一点都不便宜，却每天都门庭若市，全年365天都开放，国内外游人都乐于在此尝试回味对科学的理解。

该科学中心内另一个主要娱乐兼展示场所是多功能小剧场，这是一种纯几何学上的五分之三球体结构，具体以多面体结构建造，其室内外的表面均以镜面反射玻璃贴面，具有很强的视觉刺激力。在这个球体状剧场中安排的是定期及不定期的各类表演。同时切入玻璃球体和立方体主建筑的是抛物线型屋顶的不定期展览厅，以木梁加钢节点做成抛物线型屋架，并充分暴露出所有的构造及节点细部，其中举办的不定期展览让人们始终对“科学中心”有一种新鲜感。在这三个曲线形展示活动场所之间，巨大的长方体主建筑室内则是其他各种科普游乐设施，这部分空间以暗色调形成一种神秘乃至奇怪的气氛，展示一种具有足够安全保护的科学探险的乐趣，该空间与圆柱体永久展厅之间的一宽大的旋转坡道相

芬兰福比老年公寓及活动中心，1994年，芬兰万达市

联，该坡道沿圆柱体主展厅墙体直达顶层办公区域，并在沿途尽览所有游乐场景。

这座“科学中心”基本上是一个展览建筑。为满足多方面多层次的科普及教学需求，在各种展厅及游乐场所之外，还设有一座四分之一圆形的多功能报告厅，多组小教室，一座组合式的天文馆和超宽银幕的电影院，以及入口大厅两侧的餐厅及科普商店，总面积达8200m^2，是一座布局紧凑，使用效率极高的建筑物。

在建造及材料的运用方面，该中心也充分体现出“科学与技术”的内涵。建筑本身由多种不同材料构成，并尽可能使用所有不同的结构体系。在建造中全面使用预制构件，是建筑师颇为用心的一个关键。后勤配备的完善在建造过程中起到决定性的作用，杰出的施工组合设计，使该工程提前竣工，并使其总造价低于预算，这在现代建筑中并不多见。

该中心还配备一种“非物质”的设计，即位于基地四角的激光光柱，这些光柱是一种场所、空间和范围的界定，更是一种夜间景观，使人们从很远处都能看到该建筑群。

这座“科学中心”的室内设计基本上延用建筑设计的思路，具体的操作在很大程度上就是对家具的选择，海基宁和科莫宁对自己的建筑物中家具的选择非常精心，并为此与芬兰最著名的家具大师库卡波罗、著名设计师西蒙 · 海科拉（Simo Heikkilä）等多次探讨，并请他们悉心设计，人们能够立刻发现该中心所有的家具都具有很高的艺术品味和科技含量，与建筑物互补并协调。

“芬兰科学中心”是海基宁和科莫宁设计事业的辉煌开端，其中蕴含的所有设计理念在以后的工程项目和竞赛方案中都受到不同程度的发挥、精简和张扬，只是在每个案例中愈加强调对基地环境和人文历史的分析，力求在生态学上获得更大的协调。其以后的著名作品包括罗瓦涅米（Roveniemi）飞机场候机楼，库比奥（Kuopio）急救学院，芬兰驻美国大使馆，欧洲电影学院等，与“芬兰科学中心”相比，后来的作品日趋精炼，许多地方已被精简到最基本的构成元素，由直线、圆弧和点构成，如同绘画大师康定斯基（Kandinsky）的抽象画一样。

罗瓦涅米位于芬兰北部，是圣诞老人的故乡，每年都要迎接至少50万来自世界各地前来看望圣诞老人的旅游者。海基宁和科莫宁设计的罗瓦涅米机场候机楼，源自他们对当地北极圈气候环境的全面研究，建筑虽小，给人的感觉都极为强烈。这件几何特征强烈的金属盒子能轻易表达出一种永恒的气氛。在室内，各类管线设备通道潇洒地直接悬挂在混凝

罗瓦涅米机场，1992
年，芬兰罗瓦涅米市

土梁柱上，暴露出尽可能多的机械性能，表现出极少主义的工业美学，并从生态学上告诉人们：宇宙之大，建造这个机场候机楼的人们只是地球上的一个匆匆过客而已。

海基宁和科莫宁的罗瓦涅米候机楼在很大程度上改变了人们对芬兰建筑的传统印象，这种印象就是阿尔托的建筑。由于阿尔托在现代建筑中无可撼动的地位，使人们几乎不知道除他以外芬兰还有大量其他建筑师。无庸置疑，阿尔托是现代建筑和设计的一位先哲，他为现代建筑带来了人性的一面。比尔蒂拉是对现代建筑的“国际式”进行大胆修正的另一位芬兰大师，或者说是现代建筑“国际式”的一位伟大叛逆，他用一种几近于表现主义的设计手法对现代建筑进行了别具一格的生态学探索，尽管他的国际影响远不及阿尔托，但比尔蒂拉也是代表芬兰现代建筑风貌的主角建筑大师之一。在相当长的一个时期，芬兰建筑就是阿尔托和比尔蒂拉，而现在不同了，以海基宁和科莫宁为代表的新一代建筑师为芬兰建筑带来了新的风貌。

海基宁和科莫宁有一个信念，即建筑并非风格的追逐，而是关于诗意的艺术。这一观念在他们设计的库比奥急救学院建筑中表现得非常明显。芬兰大部分消防人员、救护车驾驶员等都在这里接受培训，而培训人们平静地面对火灾和危险境地的理念被巧妙地反映在建筑物的总体布置当中，在冷酷的几何形体组合中，狭长的教室部分与月牙形的宿舍楼形成鲜明对比。

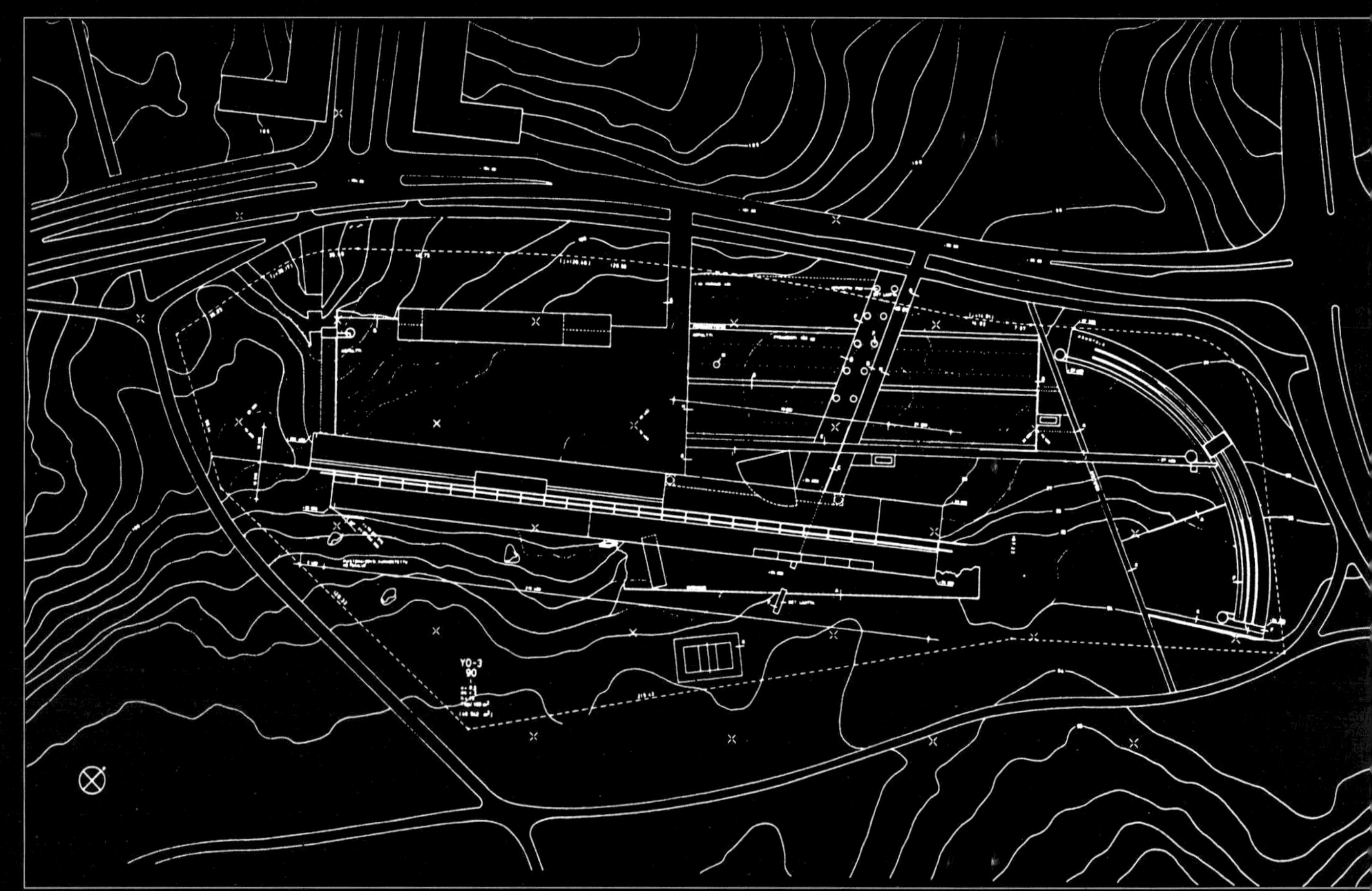

上：急救学院总平面图，1992—1995
年，芬兰库比奥市
右：教学楼平面及立面图

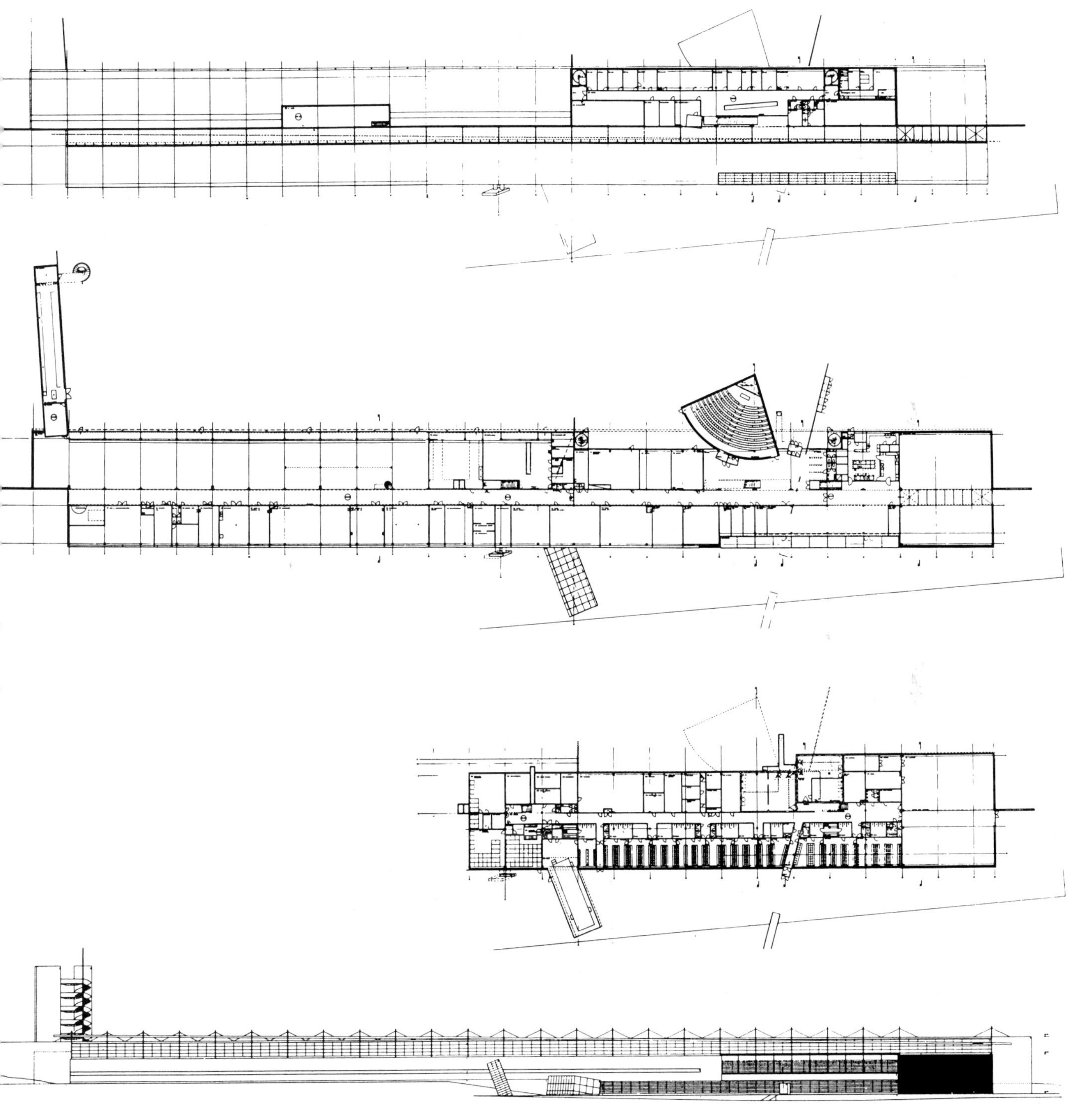

库比奥急救学院反映出海基宁和科莫宁对某些建筑大师的偏爱，如柯布西耶、巴拉干、路易斯·康以及安藤忠雄，同时也为他们俩人以后的作品提供了足够的发展线索：除了对混凝土的节制而精美的使用，海基宁和科莫宁尤其偏爱圆形和长方形，以及屏幕式的构件。这些手法的使用在欧洲电影学院的设计中放的更开。该电影学院位于丹麦艾拜托夫特(Ebeltoft)，在一片绿地上建造一组由主体建筑、学生宿舍和教师宿舍组成的建筑群，海基宁和科莫宁用纯几何形体的组合完美地解决了所有的功能问题，并从中暗喻这样一种观念：即一部电影应该有一个开头，一个中间部分和一个结束，但却并不一定用同样的顺序。

迄今为止，海基宁和科莫宁在国际上最著名的作品当数芬兰驻美国大使馆，这座位于美国华盛顿特区市中心的建筑，以其古铜色的金属框架立面，成为华盛顿使馆建筑群中一位举止优雅而又富于革命性的客人。在该建筑 1994 年落成典礼仪式上，建筑大师贝聿铭成为来参观的第一位建筑师，由此引来世界各地建筑师们时常参观，芬兰驻美国大使馆不得不定期对外开放。

在这座使馆建筑中，海基宁和科莫宁所使用的设计手法由于非常大胆而时常让人吃惊。建筑物的外观令人难以置信

欧洲电影学院，1993年，丹麦伊倍尔图特市

芬兰驻美国大使馆，1994年，美国华盛顿特区

赫尔辛基艺术设计大学“卢媒”信息中心，1999年，芬兰赫尔辛基市

麦当劳驻芬兰总部办公楼，1997年，芬兰赫尔辛基市

沃沙里文化中心，外观之一，2000年，芬兰赫尔辛基市

沃沙里文化中心，外观之二

的壮重，而室内则极富变化，就如同保守沉默的芬兰人有礼貌地掩饰着自己奔放的情感。主宰大厅的大旋转钢梯悬挂在不同楼层之间，玻璃墙则将里面的人和外面的大自然含蓄地隔开。室内设计中对光的处理演化为北极光的一种象征。

1997年建成的美国麦当劳在芬兰的总部，为海基宁和科莫宁提供了另一个机会来重申他们的“几何式功能主义”理论。两位建筑师完全不受那种在美国随处可见的“波普”式麦当劳建筑的影响，他们完全依赖于对圆形的精心处理，当现代的建筑材料与古老的但仍实用的形式结合起来，立面的玻璃、铝合金、木栅栏板条交替组合，使这座天生要给人甜俗印象的麦当劳建筑油然而生出一种优雅。尽管是麦当劳这种热闹大众场所的办公楼，其办公部分的室内气氛却很肃静，而底层的餐厅则热闹中带有一种强烈的庄重感，这就是芬兰建筑师对麦当劳建筑的新诠释。

严格的几何形体，以及与不同基地环境的协调处理，构成海基宁和科莫宁作品的重要基石。他们表面上是在重复使用着方盒子和圆弧，配以金属屏幕和工业产品材料，作一种形式主义的游戏，但实质上，他们始终追求的却是对纯形式理想的一种奉献。圆弧和立方体为海基宁和科莫宁提供了发挥其才华的舞台，让他们在这个舞台上尽情而又含蓄地表演。最近完成的沃沙里文化中心是又一个例子，海基宁和科莫宁用一个巨大的半圆弧容纳了一个图书馆和文化活动中心。

海基宁和科莫宁的作品总以一种执着的精神探索一种建筑的潜力，即人类的建筑究竟能在多大程度上阐释人与大自然的关系。他们的作品一方面是对纯几何形体近乎狂热的追求，另一方面又对所有新材料新技术来者不拒的接纳，两者结合在一起就自然形成一种弥漫于建筑中的对未来、对人类前途的乐观态度，这种乐观态度又源自对人类技术潜力的一种小心翼翼的信任，对此，作为赫尔辛基理工大学现任教授的科莫宁是这样解释的：

很显然，人类仍有潜力可挖，因为人类最重要的活动尚未完成。我们仍时刻关注在我们这个星球上作为整体的人类以及建筑作为这个整体的一个组成部分应该如何运作。在过去的20年间建筑师们对与此相关的问题显然关注不够。

我们时代的科技水平的发展从宏观到微观两方面都速度惊人，但建筑上所谓的高科技充其量仍停留在蒸汽机的水平上，建筑师不应仅仅关注于美学上的升华，更应倾心于生态学上的进步。

海基宁和科莫宁和他们的设计团队正在作这种努力，试图以自己的建筑为人类的生态学的进步作出贡献。他们的作品有一种坚实的美感，这种美感来自对简约的表达方式和精确的形式语言的专注，他们的作品充满一种有创意的思考，这种思考包括有对外界影响的有意识与无意识的吸收，更包括一种对自然环境、光、结构和材料细节的一种明智的欣赏和体验。

参考书目：

1. 《II CITIES, II NATIONS: Contemporary Nordic Art and Architecture》.
Frieslandhal Leeuwarden the Netherlands. 1990.
2. 《An Architectural Present-7 Approaches》.
Museum of Finnish Architecture. Helsinki. 1992.
3. 《Heikkinen & Komonen》.
Editorial Gustavo Gill, SA. Barcelona. 1994.
4. 《Korean Architects: Special Featuring Heikkinen - Komonen》.
Korea Architecture & Environment Publications, 1995.06. No.130.
5. 《Heikkinen+Komonen》. Edit. William Morgan.
The Monacelli Press. New York. 2000.
6. 《Finnish Architectural Review》 Helsinki 1989.4.
7. 《Living Architecture》 Copenhagen No.9. 1990.

致谢：本文部分图片借自海基宁－科莫宁建筑事务所，在此表示感谢！

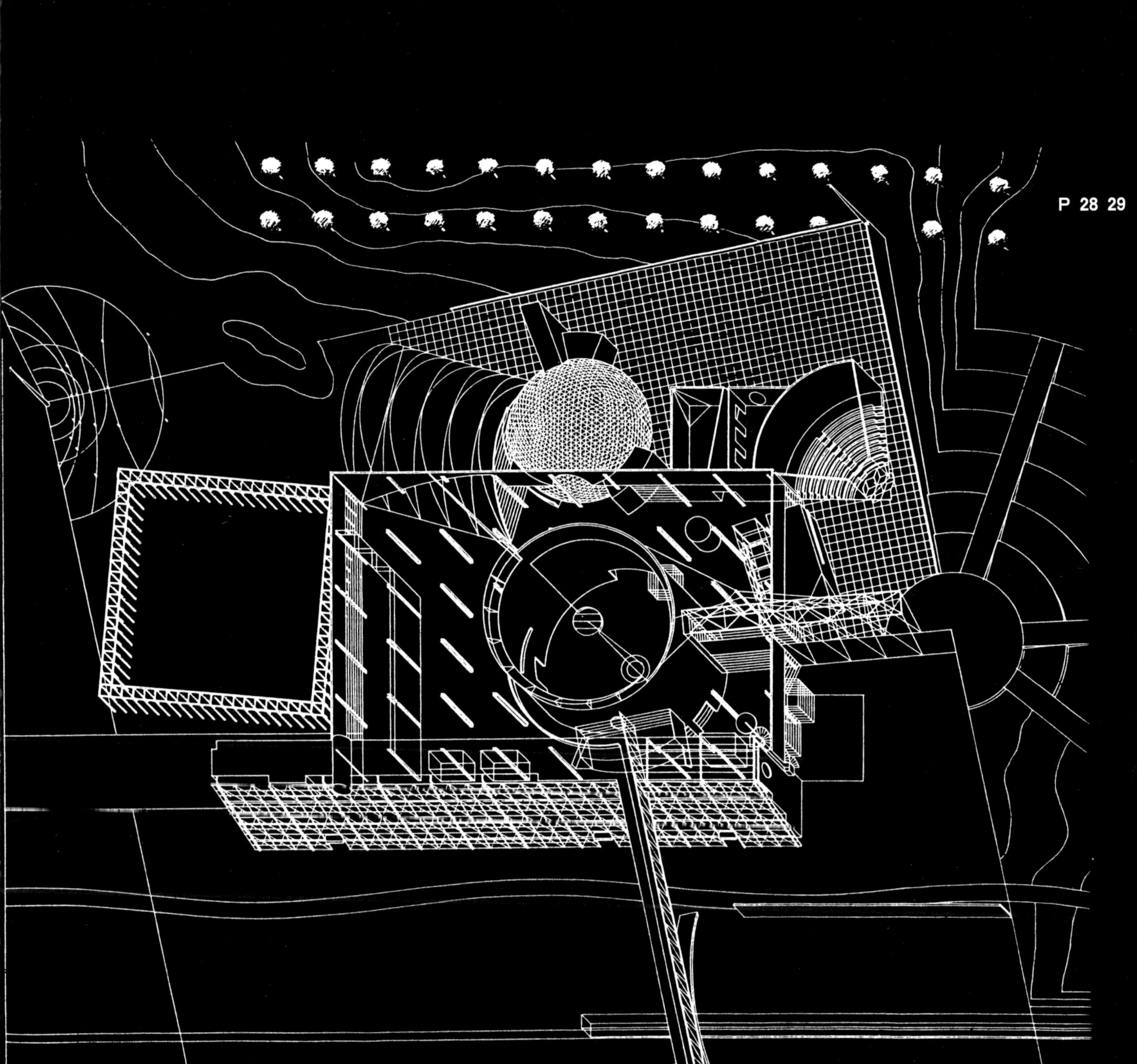
P 28 29

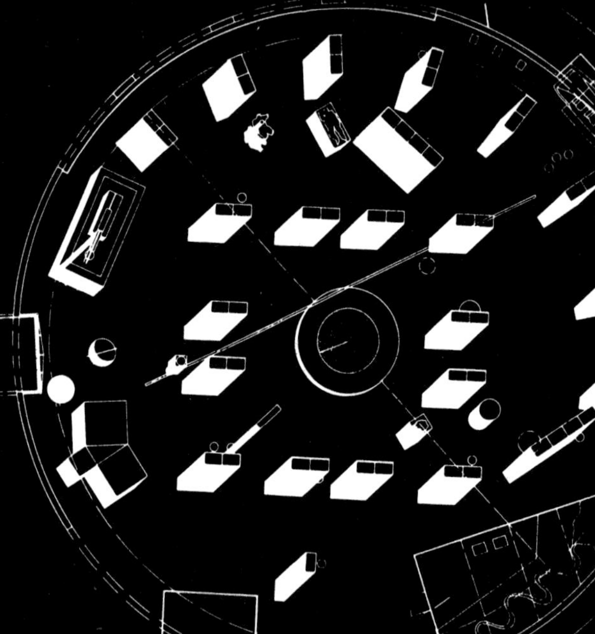

主展厅平面布置

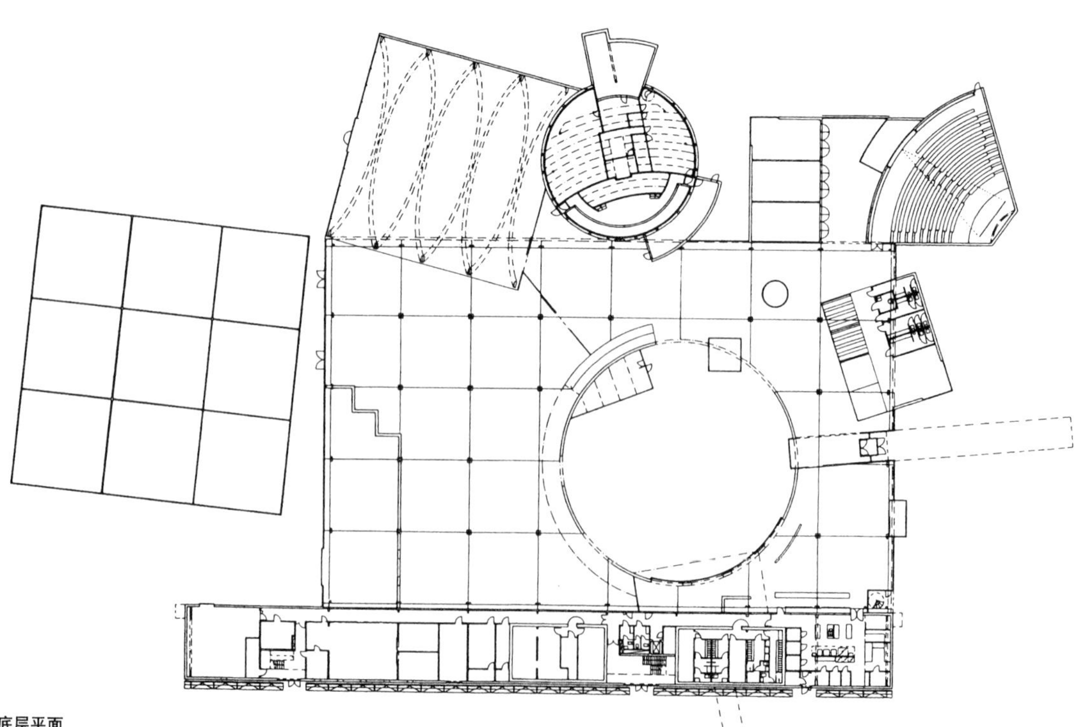

底层平面

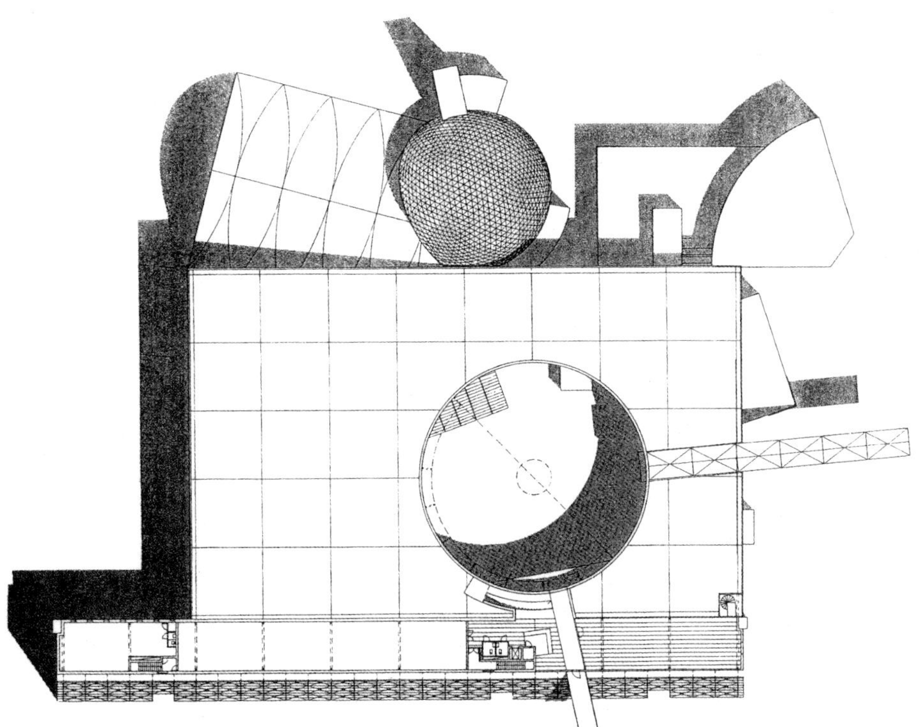

屋顶平面

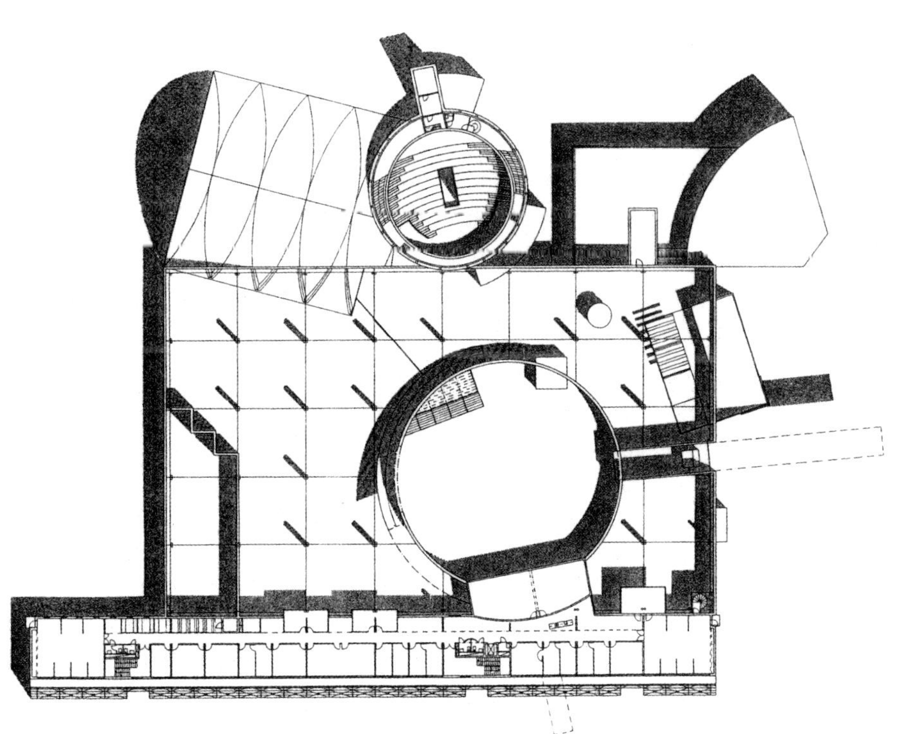

二层平面

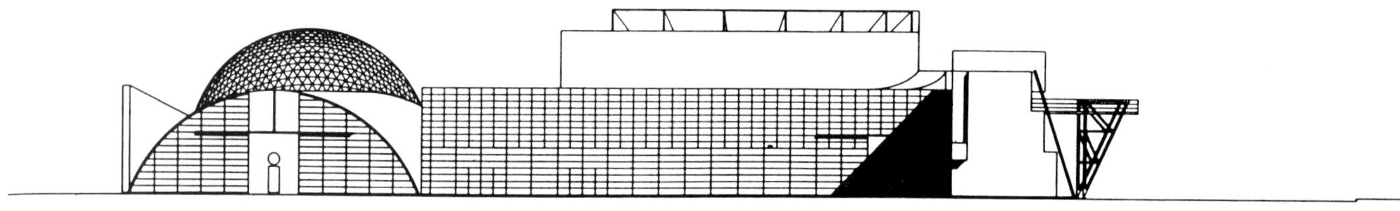

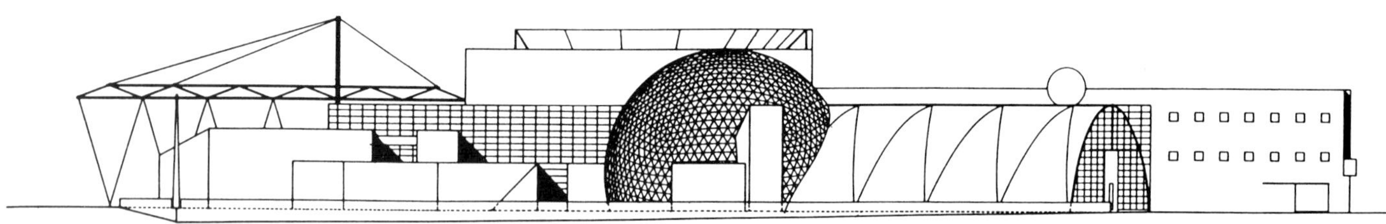

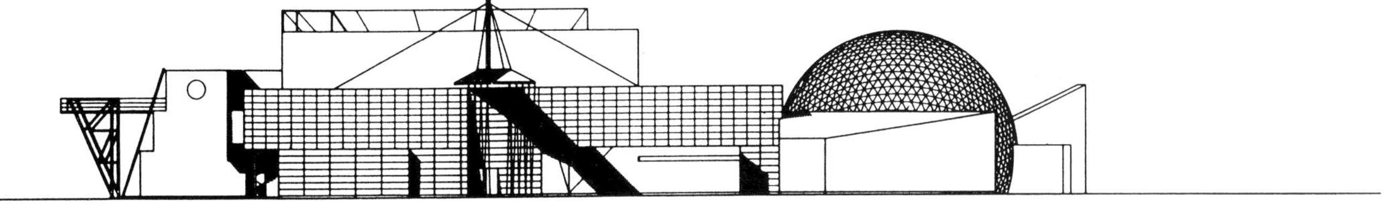

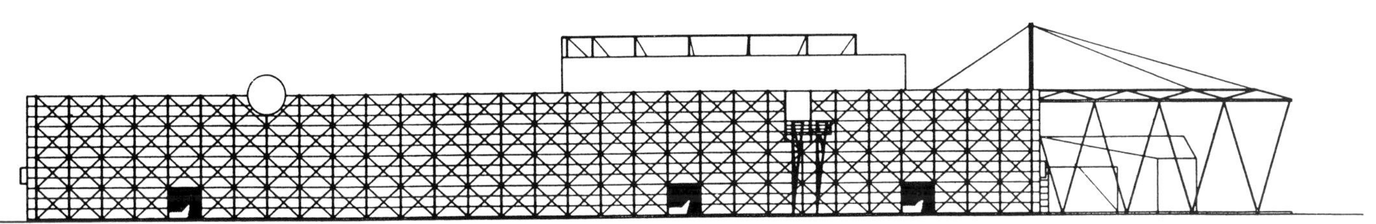

东南西北四向立面图

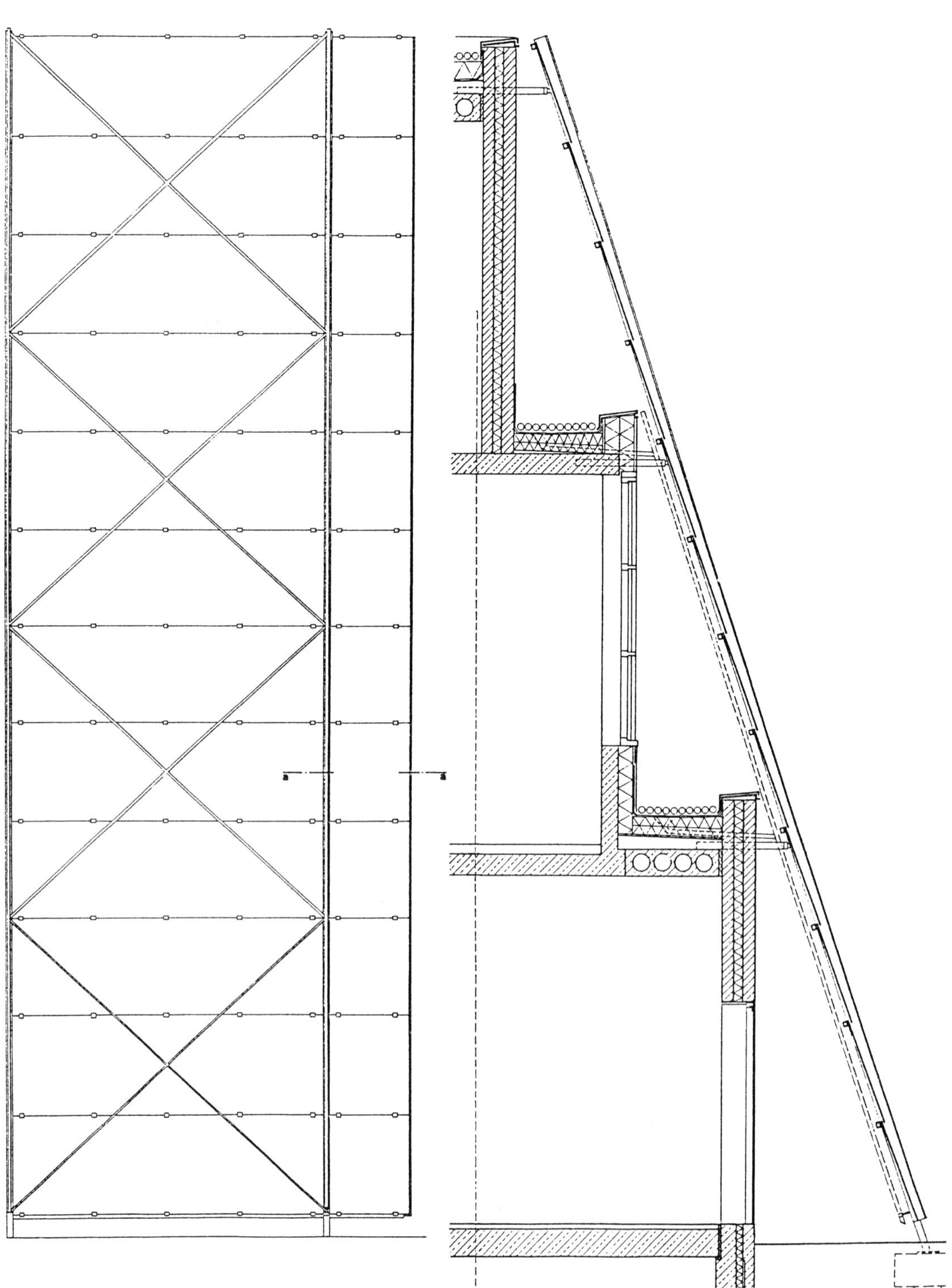

"彩虹墙"节点大样

立面节点 1:10
斜撑 1:5
9
10
11
玻璃连接节点 1:5
水平剖面 1:5
1
9
2
3
4
5
6
7
8
立面节点 1:10 1:5
1 ∟60 × 60 × 8(mm)
2 ∟50 × 50 × 3(mm)
3 ∟60 × 60 × 3(mm)
4 □60 × 60 × 4(mm)
5 钢板 15 × 100(mm)
6 支撑 厚 13mm
7 ø8mm
8 ø32mm
9 □50 × 50 × 4(mm)
10 ∟60 × 60 × 8(mm)
11 玻璃 厚 6mm

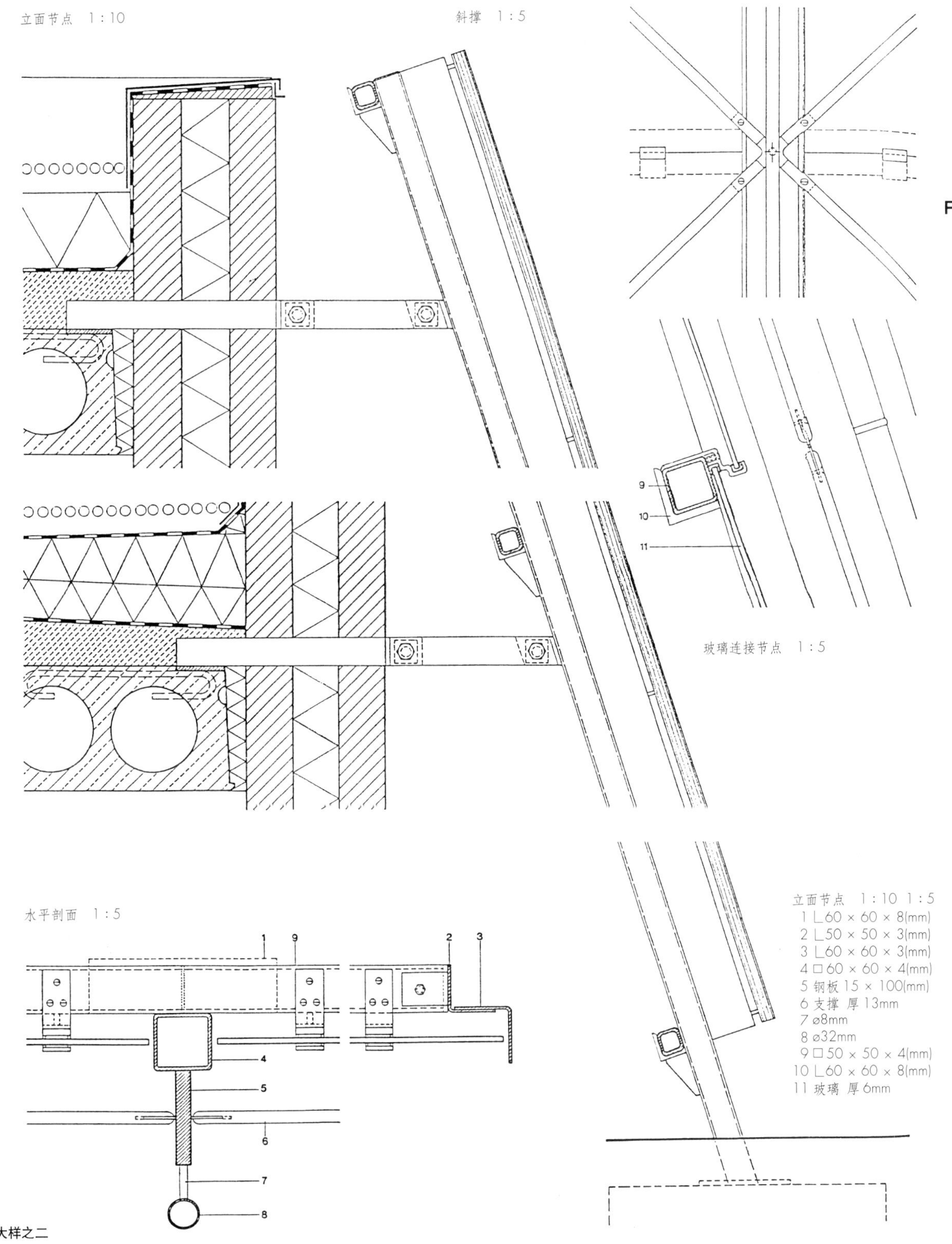

"彩虹墙" 节点大样之二

口步行桥之一

入口步行桥之二

瞰图

外观之一

外观之二

外观之三

外观之四

Heikkinen-Komonen

背面外观之一

背面外观之二

侧面外观

入口外观之一

HEUREKA
suomalainen tiedekeskus
Finlands vetenskapscenter
The Finnish Science Centre
Minä ja Sinä
jag och du
me and you

入口外观之二

入口外观之三

立面雕塑

：“彩虹墙”外观之一

：“彩虹墙”外观之二

“彩虹墙”细部之一

“彩虹墙”细部之二

“彩虹墙”细部之三

“球形剧场”外观

顶露天餐座

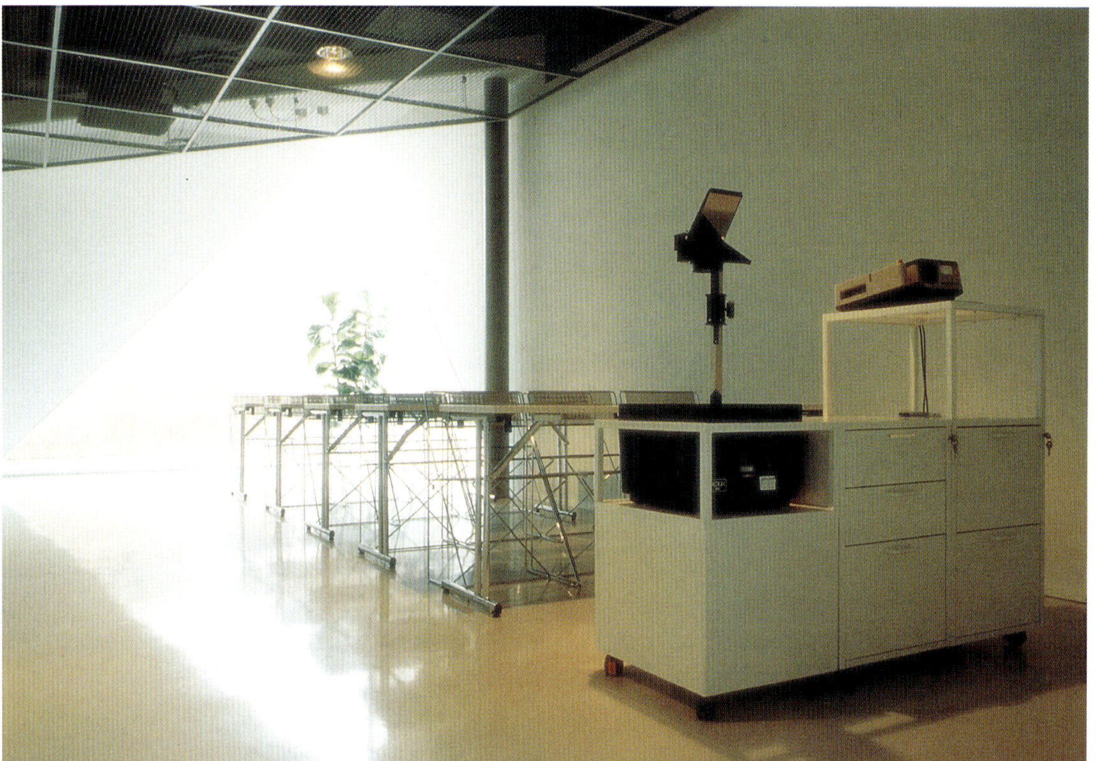

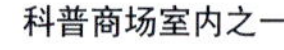
科普商场室内之一

科普商场室内之二

左：科普商场入口
下：首层餐厅

主展厅入口

主展厅室内

主展厅屋顶之一

主展厅屋顶之二

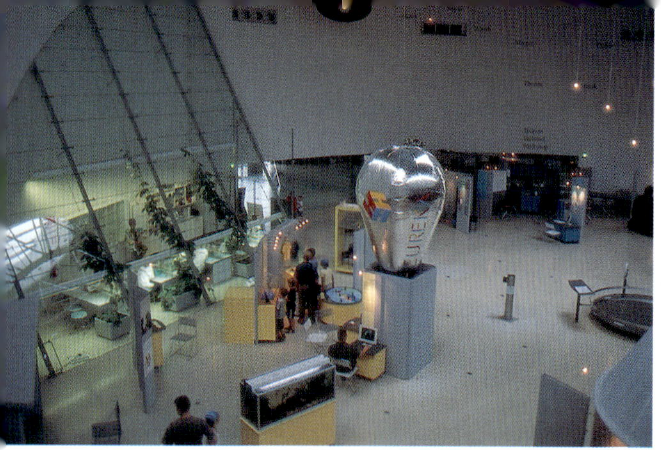

主展厅室内俯视

主展厅室内一角

EUREKA
EUREKA
EUREKA

主展厅屋顶一角

主展厅观景窗

主展厅入口内观

主展厅旋转坡道漏窗

主展厅旋转坡道

从旋转坡道观主展厅

旋转坡道一景

VERNE
VERNE

多功能展厅一景

多功能厅一角

游乐厅之一

游乐厅之二

游乐厅之三

抛物线型不定期展厅之

多功能展厅

抛物线型不定期展厅之二

抛物线型不定期展厅之三

不定期展厅室内

不定期展厅墙面

不定期展厅游乐装置

图书在版编目(CIP)数据

海基宁－科莫宁　芬兰科学中心／方海著.—北京：中国建筑工业出版社，2003
（现代建筑名家名作系列）
ISBN 7-112-05860-0

Ⅰ.海…　Ⅱ.方…　Ⅲ.科学院－建筑设计－芬兰　Ⅳ.TU244.4

中国版本图书馆CIP数据核字（2003）第043671号

责任编辑：黄居正　王莉慧
装帧设计：伯　丁

现代建筑名家名作系列
海基宁－科莫宁
芬兰科学中心

著文／摄影　方海

中国建筑工业出版社出版、发行（北京西郊百万庄）
新华书店经销
伊诺丽杰设计室制版
精美彩色印刷有限公司印刷
开本：889×1194毫米　1/20　印张：4
2003年9月第一版　2003年9月第一次印刷
印数：1—2,000册　定价：42.00元
ISBN 7-112-05860-0
TU·5148（11499）

（邮政编码　100037）
本社网址：http://www.china-abp.com.cn
网上书店：http://www.china-building.com.cn